U0229379

优秀技术工人
百工百法丛书

王月鹏工作法

基于绝缘平台的绝缘杆作业法

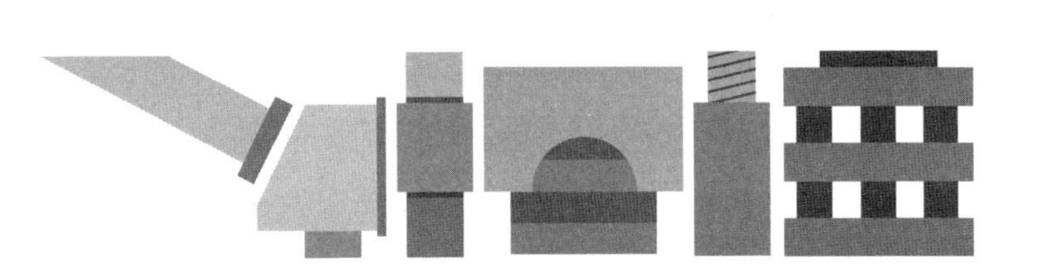

中华全国总工会 组织编写

王月鹏 著

中国工人出版社

技术工人队伍是支撑中国制造、中国创造的重要力量。我国工人阶级和广大劳动群众要大力弘扬劳模精神、劳动精神、工匠精神，适应当今世界科技革命和产业变革的需要，勤学苦练、深入钻研，勇于创新、敢为人先，不断提高技术技能水平，为推动高质量发展、实施制造强国战略、全面建设社会主义现代化国家贡献智慧和力量。

——习近平致首届大国工匠
创新交流大会的贺信

优秀技术工人百工百法丛书

编委会

优秀技术工人百工百法丛书

能源化学地质卷

编委会

序

党的二十大擘画了全面建设社会主义现代化国家、全面推进中华民族伟大复兴的宏伟蓝图。要把宏伟蓝图变成美好现实，根本上要靠包括工人阶级在内的全体人民的劳动、创造、奉献，高质量发展更离不开一支高素质的技术工人队伍。

党中央高度重视弘扬工匠精神和培养大国工匠。习近平总书记专门致信祝贺首届大国工匠创新交流大会，特别强调“技术工人队伍是支撑中国制造、中国创造的重要力量”，要求工人阶级和广大劳动群众要“适应当今世界科技革命和产业变革的需要，勤学苦练、深入钻研，勇于创新、敢为人先，不断提高技术技能水平”。这些亲切关怀和殷殷厚望，激励鼓舞着亿万职工群众弘扬劳模精神、劳动精神、工匠精神，奋进新征程、建功新时代。

近年来，全国各级工会认真学习贯彻习近平总书记关于工人阶级和工会工作的重要论述，特别是关于产业工人队伍建设改革的重要指示和致首届大国工匠创新交流大会贺信的精神，进一步加大工匠技能人才的培养选树力度，叫响做实大国工匠品牌，不断提高广大职工的技术技能水平。以大国工匠为代表的一大批杰出技术工人，聚焦重大战略、重大工程、重大项目、重点产业，通过生产实践和技术创新活动，总结出先进的技能技法，产生了巨大的经济效益和社会效益。

深化群众性技术创新活动，开展先进操作

法总结、命名和推广，是《新时期产业工人队伍建设改革方案》的主要举措。为落实全国总工会党组书记处的指示和要求，中国工人出版社和各全国产业工会、地方工会合作，精心推出“优秀技术工人百工百法丛书”，在全国范围内总结100种以工匠命名的解决生产一线现场问题的先进工作法，同时运用现代信息技术手段，同步生产视频课程、线上题库、工匠专区、元宇宙工匠创新工作室等数字知识产品。这是尊重技术工人首创精神的重要体现，是工会提高职工技能素质和创新能力的有力做法，必将带动各级工会先进操作法总结、命名和推广工作形成热潮。

此次入选“优秀技术工人百工百法丛书”作者群体的工匠人才，都是全国各行各业的杰出技术工人代表。他们总结自己的技能、技法和创新方法，著书立说、宣传推广，能让更多人看到技术工人创造的经济社会价值，带动更多产业工人积极提高自身技术技能水平，更好地助力高质量发展。中小微企业对工匠人才的孵化培育能力要弱于大型企业，对技术技能的渴求更为迫切。优秀技术工人工作法的出版，以及相关数字衍生知识服务产品的推广，将对中小微企业的技术进步与快速发展起到推动作用。

当前，产业转型正日趋加快，广大职工对于技术技能水平提升的需求日益迫切。为职工群众创造更多学习最新技术技能的机会和条件，传播普及高效解决生产一线现场问题的工法、技法和创新方法，充分发挥工匠人才的“传帮带”作用，工会组织责无旁贷。希望各地工会能够总结命名推广更多大国工匠和优秀技术工人的先进工作法，培养更多适应经济结构优化和产业转型升级需求的高技能人才，为加快建设一支知识型、技术型、创新型劳动者大军发挥重要作用。

中华全国总工会兼职副主席、大国工匠

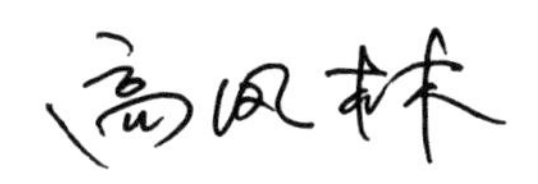

作者简介
About The Author

王月鹏

1979 年出生，国家电网有限公司首席专家，高级工程师，首席技师，现任国网北京昌平供电公司配网不停电作业室班长，王月鹏大工匠创新工作室领衔人。曾获得“全国劳动模范”“全国五一劳动奖章”“中央企业技术能手”“全国电力行业技术能手”“北京大工匠”“中央企业先进职工”“首都精神文明建设奖”“2022 年北京冬奥会、冬残奥会北京市先进个人”等荣誉称号。

王月鹏深耕配网不停电作业领域24年，带领班组开展作业2.4万余次，累计减少停电时间6.5万小时。带领团队研发“三种快装线夹及其安装工具”“老旧小区应急电源快速接入装置”等多项创新成果，填补了本专业领域多项空白。获国家级专利18项，发表论文14篇，参与出版专业图书5部，制定规程、标准15项。参与2008年北京奥运会，建党100周年，2022年北京冬奥会、冬残奥会，31届成都大运会，19届杭州亚运会，十四届全国冬季运动会等重大保障任务。

工/匠/寄/语

精技艺.勇创新.扎根一线.
铸匠魂.续传承.不忘初心.

目　　录
Contents

引　　言
Introduction

党的十八大以来，党中央号召大力弘扬劳模精神、劳动精神、工匠精神，饱含着对全社会以实干攻坚克难、以实干创造未来的殷切期待。劳模精神、劳动精神、工匠精神，是以爱国主义为核心的民族精神和以改革创新为核心的时代精神的生动体现，是鼓舞全党全国各族人民风雨无阻、勇敢前进的强大精神动力。

配网不停电作业作为保障民生用电的“最后一公里”，承载着助力经济社会发展和保障民生的重要使命。但是它安全距离小、作业次数多、危险系数高，需要配网不停电作业人员利用精湛的技术、娴熟的操作，准确地切除“病灶”，保证线路的安全可靠运行。本书主要阐述了作者多年来在带电断、接引流线作业法，绝缘杆桥接作业法和旁路作业法实践过程中积累的经验与心得，以供广大从业人员参考。

第一讲

配网不停电作业技术概述

一、配网不停电作业的背景

配网不停电作业是以实现用户的不停电或短时停电为目的，采用多种方式对设备进行检修的作业方式。配网作为服务用户的“最后一公里”，承载着助力经济社会发展和保障民生的重要使命，而配网不停电作业则是提升供电可靠性的一大“利器”，是提高配网供电可靠性的重要手段。

二、配网不停电作业的发展趋势

配网不停电作业的前身又称为配网带电作业，在这个专业刚刚起步时，依靠的都是作业人员登上电杆通过绝缘操作杆进行作业。绝缘杆作业法是指作业人员与带电体保持规定的安全距离，穿戴绝缘防护用具，通过绝缘杆进行作业的方式。其优点是作业人员距离带电体距离较远、安全系数高；缺点是作业人员位置受限、绝缘杆末端工具品类单一、工作强度大、开展项目少。

随着国民经济的快速发展，国外先进技术的不断涌现和引进，绝缘斗臂车得以广泛应用，随之带来的就是作业方法的进化和变革，绝缘手套作业法就是基于绝缘斗臂车衍生而来的主流的作业方法，并且一直沿用至今。绝缘手套作业法是指作业人员使用绝缘斗臂车、绝缘梯、绝缘平台等绝缘承载工具与大地保持规定的安全距离，穿戴绝缘防护用具，与周围物体保持绝缘隔离，通过绝缘手套对带电体直接作业的方式。

通过定义不难看出，此作业法可在做好绝缘遮蔽、穿戴好绝缘防护用具后直接对带电体进行操作，作业灵活性、内容多样性显著提升，作业项目也基本覆盖所有配网检修范围，为配网从“停电检修”向“不停电检修”模式转变打下了坚实的基础。但随着作业量的不断增加，配网中许多新设备、新工艺的不断使用，作业的环境及杆型越来越复杂，采用绝缘手套作业法进行绝缘遮蔽的时间越来越长，作业过程中潜在的安全风险越来越大，人员的作业强度越来越高，亟须在作业方式方法上寻求突破。

随着近些年国内制造业的飞速发展，绝缘操作杆的实用化、便捷化、轻量化水平越来越高，再配合使用绝缘斗臂车等绝缘平台，形成不同作业法的“优点＋优点”结合，既可以保证作业人员远离带电设备，又可以完成以往只有通过绝缘手套作业法才能完成的复杂项目，或采取桥接作业、旁路作业等方法，在保证用户可持续供电的前提下隔离出停电作业区段，采取最优、最安全的检修方式开展作业。正因如此，基于绝缘平台的绝缘杆作业法应运而生，这必将是以后配网不停电作业的主流作业方法。

本书内导线排列形式均以三角排列和水平排列为基础，如为垂直排列或其他排列形式，请依据现场实际情况进行作业。

第二讲

带电断、接引流线作业法

一、适用场景

随着我国社会经济的高速发展和人民生活水平的不断提高，用户对于电能质量的要求也在不断提高。配网不停电作业已经成为提升供电可靠性的重要检修作业方式，带电断、接引流线是配网不停电作业的核心项目，各地区不停电作业工作统计中，带电断、接引流线项目占全部作业项目的80%以上，适用于大部分不停电作业现场。由此可知，带电断、接引流线是配网不停电作业中最基础的作业项目，也是开展最多的项目。

在实际现场工作中，可以通过带电断、接引流线作业，有效缩小停电范围，隔离故障点，从而达到检修、更换故障设备的目的；在新设备接入时，更是可以在不影响任何用电负荷的情况下无感完成。

本工作法所阐述的带电断、接分支线路引流线作业主要针对基于绝缘平台的绝缘杆作业法，登杆开展绝缘杆作业时参考使用。

二、带电断分支线路引流线五步工作法

基于对绝缘杆作业法的研究和现场工作经验，总结出“遮、锁、剪、拆、复”五步工作法，指导带电作业人员高效、安全地开展带电断分支线路引流线工作。

带电断分支线路引流线主要作业步骤可分为作业前复勘、断引流线两部分。作业前复勘在实际工作中属于必备及常规操作，在这里不再赘述，只重点提示一项：一定要确认所断分支线路负荷全部退出运行，同时评估作业过程中可能出现的安全隐患。断引流线主要包括剪断引流线、拆除设备线夹和恢复线路绝缘，这几个关键节点和步骤的完成质量，将直接关系到后续线路能否安全稳定运行。

断分支线路引流线工作：

第一步：遮

作业人员到达适当工作位置后，利用验电器对导线、绝缘子和横担进行验电，确保无漏电情况。

作业人员根据现场实际情况，依次使用操作杆和配套的硬质导线遮蔽罩、硬质绝缘子遮蔽罩（见图 1）对作业中可能触及的其他带电体及无法满足安全距离的接地体采取绝缘遮蔽措施。遮蔽时应按照“从近到远、从下到上、先带电体后接地体”的顺序进行。

第二步：锁

作业人员使用绝缘锁杆将分支线路引流线线头与主导线临时固定，或采取其他措施防止引流线脱落（见图 2）。

第三步：剪

在这里要重点强调和解释，由于地域特点以及规范要求的不同，配电线路导线及线夹所采用的型号也不同，如果采用绝缘导线，同时线夹又

图 1　安装硬质绝缘子遮蔽罩

图 2　绝缘锁杆固定引流线

已进行充分绝缘恢复的情况下，采用绝缘杆作业法“原拆原搭”的难度较大，所以此种情况下，应采用将引流线直接剪断的方法（见图 3）。而对于采用裸导线再配合便于拆卸线夹的情况，可跳过此步骤，进行下一步，采用直接拆除线夹的方法开展作业。无论是以剪断的方式还是以拆除线夹的方式，在引流线脱离主导线后一定要控制好摆动幅度。常规情况下，按照“先边相，后中相”的顺序依次进行。

第四步：拆

拆除线夹。拆除线夹最大的优点就是断开的引流线可以在原位置进行再次搭接，同时也可以让线路更美观。此步骤与第三步中的说明及解释直接关联，不再赘述。

第五步：复

进行绝缘恢复工作。如果线夹未拆除，则在原有的基础上进行绝缘恢复；如果线夹已拆除，

图 3　断分支线路引流线

则只需要恢复主导线绝缘即可。按照此次作业步骤依次恢复三相线夹处的绝缘。

操作完成后，检查杆上无遗留物，拆除绝缘遮蔽措施，工作完成（见图 4）。

三、带电接分支线路引流线五步工作法

针对架空线路带电接分支线路引流线遮蔽时间长、作业风险高等技术难点，基于对绝缘杆作业法的研究和现场工作经验，总结出“遮、测、剥、接、复”五步工作法，指导作业人员高效、安全地开展带电接分支线路引流线工作，在全面提高工作效率的同时，大幅提升作业安全性。

带电接分支线路引流线工作作业步骤可以分为作业前准备、接引流线作业和恢复绝缘三部分。作业前准备阶段主要包括主导线的遮蔽、主线路线径的测量、引流线长度的测量以及引流线的制作等步骤，这是该工作的基础，直接影响后

图 4　恢复线夹绝缘

面工序的质量。接引流线作业主要包括绝缘层的剥除、线夹的安装以及引流线之间距离的调整等步骤，这是该工作最核心的一步，是分支线路能否顺利接入和安全运行的关键。恢复绝缘工作主要包括三相线夹裸露处的绝缘恢复以及绝缘遮蔽措施的拆除，这是该工作的最后一个步骤，是后续线路无缺陷运行的重要保障。

接分支线路引流线工作：

第一步：遮

作业人员到达适当工作位置后，利用验电器对导线、绝缘子和横担进行验电，确保无漏电情况。

作业人员作业中可能触及的其他带电体及无法满足安全距离的接地体应采取绝缘遮蔽措施，此项遮蔽主要针对的是主导线及其金具。遮蔽时应按照“从近到远、从下到上、先带电体后接地体”的顺序进行（见图5）。

图 5　安装硬质绝缘遮蔽罩

第二步：测

作业人员应与带电体保持足够的安全距离，使用测量杆对导线线径以及引流线长短进行测量，为剥皮工具模具和线夹的选择提供依据，为引流线制作提供准确数据（见图 6、图 7）。

第三步：剥

作业人员调整至适当位置，在选定剥除位置和模具后，操作剥皮工具剥除导线绝缘层，待剥除绝缘层的长度满足接引需要（剥除长度应长出线夹 10mm）后，用导线清扫刷清除连接处导线上的氧化层，随后恢复裸露处的绝缘遮蔽，完成一相绝缘层剥除操作。按照相同的方法，依次完成三相绝缘层剥除工作（见图 8）。

第四步：接

作业人员将三相引流线调整固定好，并与带电体及接地体保持规定的安全距离。根据测得的主导线和引流线线径选择相应型号的线夹，并将

图6　测量引流线长度

图 7　测量导线线径

图 8　剥除导线绝缘层

线夹与引流线进行固定，确认牢固后，使用操作杆将引流线和线夹一起安装到主导线开剥位置中央，使引流线处于主导线正下方，旋转操作杆紧固线夹螺栓，完成安装。其余两相引流线的接引方式与上述方法相同，接入顺序宜“先中相，再两边相”，也可视现场情况由近到远依次进行（见图 9）。

第五步：复

恢复绝缘。将绝缘护罩嵌入护罩安装工具卡槽内。作业人员操作护罩安装工具将绝缘护罩安装至线夹上，绝缘护罩开口应向下，随后使用绝缘卡线钩调整引流线，使其与绝缘护罩引流线槽相对应。确认位置无误后，合上绝缘护罩，使用绝缘夹钳在非引流线主导线侧的下方将护罩开口夹紧，完成线夹恢复绝缘工作。按照此作业步骤依次恢复三相线夹处的绝缘（见图 10）。

操作完成后，检查杆上无遗留物，拆除绝缘

图 9　接分支线路引流线

图 10　恢复线夹绝缘

遮蔽措施，工作完成。

四、注意事项

带电作业应在良好天气下进行，当风力大于5级，或湿度大于80%时，不宜开展带电作业。若遇雷电、雪、雹、雨、雾等不良天气，不应开展带电作业。当作业过程中遇天气突然变化并有可能危及人身及设备安全时，应立即停止工作，撤离人员，恢复设备正常状况，或采取临时安全措施。

在配电线路上采用绝缘杆作业法时，人体与带电体的最小距离不应小于0.4m，绝缘操作杆的最小有效绝缘长度不应小于0.7m，绝缘承力工具、绝缘绳索的最小有效绝缘长度不应小于0.4m。安全距离不足时，应采取绝缘遮蔽措施。遮蔽过程中要控制作业幅度，避免引起导线大幅晃动，造成安全隐患。

作业人员使用绝缘工具在接触带电导线和换相作业前应得到监护人的同意。断引流线前，应确认断线剪位置，防止剪伤主导线，空载电流大于 0.1A 应采取消弧措施。断引流线时，应保持带电引流线对地及邻相引流线的安全距离。在所断线路三相引流线未全部拆除前，已拆除的引流线应视其有电。

采用绝缘杆作业法进行引流线搭接时，作业位置、安装角度、线夹质量、人员水平等因素，将对线夹安装质量造成直接影响，所以，在线夹恢复绝缘前要重点关注线夹连接质量。

作业前要做好“危险的预判”，尤其是在配合危急缺陷和紧急事故处理时，更要对整条分支线路进行“风险评估”，做足万全准备，防止作业过程中出现危及作业人员安全的突发事件。

需要特别注意的是，采用基于绝缘平台的绝缘杆作业法时，防护用具穿戴标准应不同于绝缘手套作业法。考虑到配电线路上采用绝缘杆作业法，人体与带电体的最小安全距离、绝缘操作工具最小有效绝缘长度，在海拔 3000m 及以下时不小于 0.4m 和 0.7m，这两个距离是底线、是原则，更是经过反复论证得出的安全保障，严格规范作业、不挑战安全底线，可以采用绝缘鞋、绝缘安全帽、绝缘手套的防护组合。

第三讲

绝缘杆桥接作业法

随着配网不停电作业技术的发展和现场实际工作需要，桥接作业法逐渐走进了大家的视野，让相关人员重新认识以及重视，而不仅仅是停留在理论层面。其原理类似心脏搭桥手术，所以得名桥接作业法。工作原理就是通过硬质绝缘紧线器、旁路柔性电缆、旁路负荷开关等装备，对严重危急缺陷、线路事故但未造成停电或待检修的设备等进行跨接作业，负荷电流经新搭建的旁路系统直接供给受电侧，将故障点或施工作业点隔离成停电检修区段，在不间断供电的同时，将复杂的作业内容由“不停电作业”转为“停电作业”，从而大大降低了不停电作业人员的劳动强度和作业风险。由于桥接作业法所用工具的特殊性，现有主流开展均采用绝缘手套作业法，作业人员需要进行烦琐的绝缘遮蔽，而此讲所阐述的作业方法均是以基于绝缘平台的绝缘杆作业法为基础，突破传统理念和方法，结合新工具、新技术形成的一套从架设旁路、开断导线、快速连接到绝缘恢复的完整作业体系。

基于绝缘平台的绝缘杆桥接作业法所需主要装备包括：硬质绝缘紧线器、绝缘旋转式扭力传动杆、自锁式绝缘万能夹钳、勾头绝缘操作杆、操作杆、后备保护、旁路负荷开关、旁路柔性电缆等。通过操作杆将硬质绝缘紧线器安装在主导线准备开断的位置，再将两端卡线器安装牢固，然后收紧硬质绝缘紧线器，使主导线不再承力，再通过旁路柔性电缆连接旁路负荷开关，达到对故障点的隔离，实现最小的停电范围。

一、绝缘杆桥接作业法的技术特点

绝缘杆桥接作业法在实际现场应用中最大的优势就是可以在两基电杆之间导线的任意位置开断和连接导线，尤其是没有引流线（又称弓子线、跳线）的直线杆，此种情况下，运用桥接作业法开展检修作业是最为有效的措施。

随着更多新技术、新设备的应用，在配网线路可靠性显著提升的同时，也给配网不停电作业提出了新的挑战，部分作业点的绝缘杆杆型越来越复杂，作业难度越来越大。桥接作业法就很好地解决了此类问题，可以在不损失负荷、保证线路可持续供电的情况下，形成最小的停电区间，将复杂作业以停电检修的方式完成。而且，采用“桥接+旁路”的形式，优势明显，在旁路负荷开关断开的情况下，挂接和拆除旁路柔性电缆时，即使柱上开关的跳闸回路未被完全闭锁，也不会发生“带负荷断、接引流线”的事故。同时，旁路负荷开关还具备核相功能，可有效避免短接检修设备的回路因相位错误而发生短路事故，有效地保障了施工人员安全，降低了不停电作业人员的作业风险及劳动强度。

二、桥接作业九步工作法

充分结合现场工作实际和作业特点，总结出“剥、遮、引、收、断、接、复、退、拆”桥接作业法九步工作法，可以让现场作业人员快速掌握施工关键节点，安全开展作业。

桥接作业法的关键步骤可以分为旁路搭建、开断导线、接续导线、恢复绝缘和拆除旁路五部分。旁路的成功搭建是开展桥接作业的前提，搭建质量直接关系通流效果，与后续作业安全息息相关。开断和接续导线则是此项目的核心步骤，也是最具挑战性的操作步骤，直接关乎后续线路能否安全稳定运行。恢复绝缘环节是现有技术中的难点，绝缘恢复的质量与线路健康运行直接关联。

桥接作业法：

使用电流检测仪测量导线电流，确认满足旁路设备载流要求。

第一步：剥

作业人员在指定位置剥除主导线绝缘层，包括旁路柔性电缆连接位置、硬质绝缘紧线器安装位置，剥除绝缘层的长度以长出旁路柔性电缆连接线夹、导线对接管两端各 10mm 为宜，并清除氧化层（见图 11~图 13）。

图 11　剥除主导线绝缘层

图 12 引流线夹安装位置绝缘层剥除长度示意

图 13 对接管连接绝缘层剥除长度

第二步：遮

对作业人员作业中可能触及的其他带电体及无法满足安全距离的接地体应采取绝缘遮蔽措施，按照“从近到远、从下到上、先带电体后接地体”的原则进行遮蔽。绝缘遮蔽措施主要针对两边相进行，待两边相遮蔽完成后，中相可直接进行旁路柔性电缆连接（见图 14）。

第三步：引

作业人员安装旁路负荷开关、旁路柔性电缆，并与主线路依次进行连接，接入顺序建议“先中相，后边相”。核相无问题后，倒闸操作人员进行倒闸操作，合上旁路负荷开关，测量电流并确认通流情况，确认无问题后，闭锁旁路负荷开关（见图 15、图 16）。

第四步：收

将硬质绝缘紧线器通过操作杆安装在刚刚剥除绝缘层的主导线位置，硬质绝缘紧线器中心要

图 14　安装硬质导线遮蔽罩

图 15　旁路柔性电缆安装细节

图 16　安装旁路系统

与绝缘层剥除中心位置对齐，通过绝缘旋转式扭力传动杆使导线收紧，当有足够裕度后，加装后备保护绳，进行后备保护，其余两相引流线按相同的方法进行固定处理（见图 17、图 18）。

第五步：断

作业人员使用断线剪将主导线剪断，使用自锁式绝缘万能夹钳对剪断的导线安装绝缘遮蔽罩以及端头遮蔽罩，避免已开断导线发生碰触，确保足够的安全距离，并再次确认后备保护受力情况。此环节作业建议与第四步“收”同步进行，待一相完成后再换相工作。作业顺序建议“先中相，后边相”，也可视现场情况依次进行（见图 19、图 20）。

以上步骤需在两个作业点开展，待全部步骤完成后，使用验电器确认电源侧导线有电，负荷侧导线已停电。

第六步：接

待全部工作结束后，开展桥接接续作业。作

图 17　安装硬质绝缘紧线器

图 18　利用硬质绝缘紧线器收紧导线

图 19　断开导线

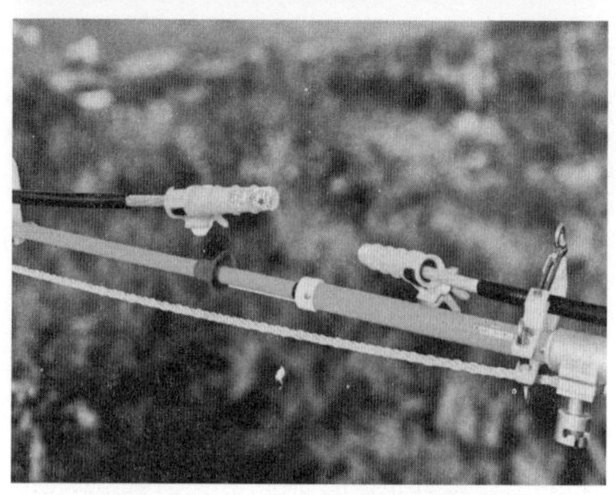

图 20 加装导线端头遮蔽罩

业人员使用自锁式绝缘万能夹钳先取下停电侧绝缘端头遮蔽罩，利用操作杆将对接管一侧插入停电侧导线并可靠固定，再取下带电侧绝缘端头遮蔽罩，将带电导线插入对接管另一端。使用电流检测仪检测电流，确认导线通流正常，拆除后备保护绳及硬质绝缘紧线器。其余两相引流线连接按相同的方法进行，即“先中间相，后远边相，最后近边相”的顺序进行，也可视现场实际情况从远到近依次进行（见图 21、图 22）。

图 21　对接管先连接导线负荷侧

图 22 导线连接完成

第七步：复

待所有后备保护和硬质绝缘紧线器拆除完毕后，恢复对两边相的绝缘遮蔽，按照“先中相，后边相”的顺序恢复裸露点绝缘（见图 23）。

第八步：退

主导线所有作业完成后，再次使用电流检测仪检测线路电流，确认通流正常后，断开旁路负荷开关，旁路系统退出运行，用电流检测仪检测高压旁路引下电缆的电流，确认无电流（见图 24）。

图 23　恢复导线及对接管绝缘

图 24　退出旁路系统

第九步：拆

作业人员断开高压旁路引下电缆与架空线路的连接，对旁路系统进行逐相充分放电后，拆除旁路作业相关装备。

三、注意事项

带电作业应在良好天气下进行，当风力大于5级，或湿度大于80%时，不宜开展带电作业。若遇雷电、雪、雹、雨、雾等不良天气，不应开展带电作业。当作业过程中遇天气突然变化并有可能危及人身及设备安全时，应立即停止工作，撤离人员，恢复设备正常状况，或采取临时安全措施。

在配电线路上采用绝缘杆作业法时，人体与带电体的最小距离不应小于0.4m，绝缘操作杆的最小有效绝缘长度不应小于0.7m，绝缘承力工具、绝缘绳索的最小有效绝缘长度不应小于

0.4m。安全距离不足时，应采取绝缘遮蔽措施。遮蔽过程中要控制作业幅度，避免引起导线大幅晃动，造成安全隐患。

作业过程中应测量电流不低于4次，即作业前测量电流，确认满足旁路设备载流要求。旁路搭建完成导通后测量电流，确认旁路系统通流正常。主导线接续后测量电流，确认导线接续质量。旁路系统退出运行，旁路负荷开关分闸后测量电流，确认旁路负荷开关分闸正常。每次测量电流都是保护作业人员安全和施工质量的重要步骤，绝对不可以擅自删减作业步骤。

当主导线处于开断状态时，所有的导线拉力均由硬质绝缘紧线器承载，所以，硬质绝缘紧线器自身的拉力、安装质量、牢固程度都直接影响着作业过程中的整体安全。对作业前力学计算、作业中重要步骤等关键环节的把控要精准、到位，采取可靠并满足拉力要求的后备保护措施。

当主导线接续完成后，对接管将持续在线运行，产品质量必须有保障。同时，在施工过程中一定要选取与主导线规格型号相匹配的对接管，满足接续电阻不大于同等长度导线的电阻，握着力不小于导线破断拉力 90% 的指标。

旁路柔性电缆引线采用地面敷设时，应对地面的旁路作业设备采取可靠的防护措施。旁路柔性电缆运行期间，应派专人看守、巡视，防止外人碰触，绝缘检测和退出运行后应逐相充分放电。停电检修线路应落实相应的安全措施，恢复线路运行前，应检查确认符合送电条件。

旁路柔性引下电缆与架空导线连接前，应确认旁路负荷开关在“分闸”位置。旁路柔性引下电缆与架空线路断开后，电缆接头应做好绝缘遮蔽。

旁路柔性电缆屏蔽层应在终端处引出并可靠接地，接地线的截面积不宜小于 $25mm^2$。

第四讲

旁路作业法

此讲中的旁路作业法其实就是本书中前两种作业法的一个结合体，但在细节上又略有不同。旁路作业会将带电断、接引流线作业法涵盖其中；与桥接作业法的相同点是都需要使用旁路负荷开关和旁路柔性电缆；不同点是现场作业条件不同，所需开关数量更多，敷设电缆长度更长。一般情况下，开展旁路作业时，作业点两端的电杆为耐张杆、转角杆等具备引流线（又称弓子线、跳线）杆型，如是直线杆，则须预先改成耐张杆，而桥接作业法对作业点两侧的电杆杆型无特殊要求。

一、旁路作业法的基本原理

旁路作业是通过旁路设备的接入，将配电线路中的负荷转移至旁路系统，实现待检修设备停电检修的作业方式。此项作业也是为了提高供电可靠性，提升不停电作业能力，打破传统带电作业的局限性，通过构建一套旁路供电系统，在用户不间断供电的情况下，完成线路迁改、检修、更换设备等工作，实现用户停电“零感知”，提高供电服务满意度。

二、旁路作业九步工作法

此项作业充分结合现场工作实际和作业特点，总结出“敷、剥、遮、引、断、接、退、复、拆”九步工作法，可以让现场作业人员快速掌握施工关键节点，安全开展作业。

此作业法的关键步骤可以分为旁路搭建，断、接引流线和拆除、回收旁路三部分。旁路的搭建在上一讲“桥接作业法”中已做过简单介绍，但在旁路作业中柔性电缆长度一般都远远长于“桥接作业法”，电缆单条长度就达到50m，需要通过快速插拔旁路柔性电缆接头完成电缆的连接工作，使其达到最佳作业长度。断、接引流线则是此项目的主要步骤，也是不可或缺的操作步骤，通过断、接引流线作业法配合旁路作业法隔离出停电作业区段。拆除、回收旁路柔性电缆同样是一个浩大的工程，在此过程中需要多人配合完成。

旁路作业法：

使用电流检测仪测量导线电流，确认满足旁路设备载流要求。

第一步：敷

由于采用架空敷设旁路柔性电缆工程量巨大且对人员和装备要求较高，本讲中就不做介绍了。另外，国内现在自承式旁路柔性电缆已研发成功并实际应用，但现阶段造价太高，还没有普遍应用，本讲也不再做详细阐述。本讲主要以地面敷设（见图 25）方式讲解，在地面敷设时应尽量沿人员、车辆较少的路径敷设，如需跨越道路时，宜使用专用架空跨越支架将电缆架空敷设并可靠固定。旁路柔性电缆地面敷设时，避免与地面摩擦，

图 25 敷设旁路柔性电缆

要做好防护措施。组装完毕应盖好旁路设备地面防护装置保护盖，并保证中间接头盒接地良好。组装电缆与旁路设备时，应注意相位的正确性。

作业人员对旁路柔性电缆进行绝缘检测，分别在电源侧和负荷侧电杆上安装旁路负荷开关和余缆工具，将旁路负荷开关外壳接地。作业人员在电源侧和负荷侧电杆处将旁路柔性电缆、旁路柔性引下电缆和旁路负荷开关可靠连接。依次合上电源侧、负荷侧旁路负荷开关，使用绝缘电阻表对组装好的高压旁路设备进行绝缘性能检测，整体绝缘电阻应不小于500MΩ。绝缘性能遥测完毕后，用绝缘放电杆对旁路柔性电缆等旁路设备进行逐相充分放电，并进行导通检测，之后作业人员分别断开电源侧和负荷侧旁路负荷开关，并锁死闭锁装置（见图26）。

第二步：剥

作业人员在旁路柔性电缆连接位置剥除主导

图 26 展放旁路柔性电缆

线绝缘层，剥除绝缘层的长度以长出旁路柔性电缆连接线夹两端各 10mm 为宜，并清除氧化层（见图 27）。

第三步：遮

对作业人员作业中可能触及的其他带电体及无法满足安全距离的接地体应采取绝缘遮蔽措施，按照“从近到远、从下到上、先带电体后接地体”的原则进行遮蔽。绝缘遮蔽主要针对两边相进行，待两边相遮蔽完成后，中相可直接进行旁路柔性电缆连接（见图 28）。

第四步：引

作业人员将旁路柔性引下电缆与主导线固定，使用操作杆将两侧旁路柔性引下电缆按照相位标示与架空线路进行连接，保证线夹接触牢固可靠（见图 29）。

倒闸操作人员进行倒闸操作，使旁路系统投入运行，先合上电源侧旁路负荷开关，在负荷侧

图 27 旁路柔性电缆引流线夹绝缘层剥除

图 28　安装硬质导线遮蔽罩

图 29 安装旁路系统

旁路负荷开关处核相，确认相位无误，再合上负荷侧旁路负荷开关，用电流检测仪检测高压旁路柔性引下电缆的电流，确认通流正常。

第五步：断

作业人员断开负荷侧架空线路三相引流线，并设置绝缘遮蔽措施，断开的顺序宜“先两边相，再中间相”，也可视现场情况由近到远依次进行。

再断开电源侧架空线路三相引流线，并设置绝缘遮蔽措施，断开顺序宜“先两边相，再中间相”，也可视现场情况由近到远依次进行（见图30）。最后，使用电流检测仪检测线路电流通流是否正常。

第六步：接

当停电区段作业完毕后，作业人员将电源侧架空线路三相引流线可靠连接，在负荷侧核相，确认相位无误后，再将负荷侧三相引流线连接。可按“先中间相，后远边相，最后近边相”

图 30　断开线路引流线

的顺序进行，也可视现场实际情况从远到近依次进行（见图 31）。最后使用电流检测仪检测线路电流，确认通流正常。

第七步：退

倒闸操作人员进行倒闸操作，断开旁路负荷开关，旁路系统退出运行；依次断开负荷侧和电源侧旁路负荷开关，用电流检测仪检测高压旁路柔性引下电缆的电流，确认无电流（见图 32）。

第八步：复

第六步和第七步的每一项完成后，要对所有裸露点进行绝缘恢复（见图 33）。

第九步：拆

作业人员断开高压旁路柔性引下电缆与架空线路的连接，对旁路系统进行逐相充分放电后，拆除旁路作业相关装备。

图 31　接分支线路引流线

图 32　旁路系统退出运行

图 33 恢复导线绝缘

三、注意事项

带电作业应在良好天气下进行，当风力大于5级，或湿度大于80%时，不宜开展带电作业。若遇雷电、雪、雹、雨、雾等不良天气，不应开展带电作业。当作业过程中遇天气突然变化并有可能危及人身及设备安全时，应立即停止工作，撤离人员，恢复设备正常状况，或采取临时安全措施。

在配电线路上采用绝缘杆作业法时，人体与带电体的最小距离不应小于0.4m，绝缘操作杆的最小有效绝缘长度不应小于0.7m，绝缘承力工具、绝缘绳索的最小有效绝缘长度不应小于0.4m。安全距离不足时，应采取绝缘遮蔽措施。遮蔽过程中要控制作业幅度，避免引起导线大幅晃动，造成安全隐患。

作业过程中应测量电流不低于4次，即作业前测量电流，确认满足旁路设备载流要求。旁路搭建完成导通后测量电流，确认旁路系统通流正常。电源侧和负荷侧引流线连接完成后测量电流，确认导线连接质量。旁路系统退出运行，旁路负荷开关分闸后测量电流，确认旁路负荷开关分闸正常。每次测量电流都是保护作业人员安全和施工质量的重要步骤，绝对不可以擅自删减作业步骤。

旁路柔性电缆引线采用地面敷设时，应对地面的旁路作业设备采取可靠的防护措施。旁路柔性电缆运行期间，应派专人看守、巡视，防止外人碰触，绝缘检测和退出运行后应逐相充分放电。停电检修线路应落实相应的安全措施，恢复线路运行前，应检查确认符合送电条件。

旁路柔性引下电缆与架空导线连接前，应确认旁路负荷开关在“分闸”位置。旁路柔性引下电缆与架空线路断开后，电缆接头应做好绝缘遮蔽。

旁路柔性电缆屏蔽层应在终端处引出并可靠接地，接地线的截面积不宜小于 $25mm^2$。

敷设高压旁路柔性电缆时不应在地面拖拽或

与其他硬物摩擦，旁路柔性电缆不应形成死弯，避免电缆弯曲半径过小，高压旁路柔性电缆牵引过程中接头不应受力。

连接高压旁路作业装备前，应对各接口进行清洁和润滑：用不起毛的清洁纸或清洁布、无水酒精或其他电缆清洁剂清洁，确认绝缘表面无污物、灰尘、水分、损伤。

待检修架空线路最大负荷电流不应超过旁路系统通流能力。旁路系统投入运行后，应定期监测旁路设备通流情况。作业线路下层有低压线路同杆并架时，如妨碍作业，应对作业范围内的相关低压线路采取绝缘遮蔽措施。

旁路柔性电缆连接器连接和接续旁路作业时，须对周边环境、作业人员动作是否规范等有较高的要求，否则极易造成接头损坏，缩短接头使用寿命，埋下安全隐患。在操作中，应在干净整洁的帆布上，戴好一次性手套，使用不起毛的清洁纸、无水酒精或其他电缆清洁剂清洁，确认绝缘表面无污物、灰尘、水分、损伤，使用干净的一次性手套在插拔界面均匀涂抹润滑硅脂，保持连接器两端在同一轴线，均匀用力插拔电缆头并闭锁。

四、现场案例

2021 年冬季，为保证供电可靠性，提升供电服务质量，对 10kV 某条线路进行综合性改造。如果采用停电施工方案，将影响周边用户 756 时 • 户数，给居民生产生活带来极大的不便，在经过多次现场勘查和可行性论证后，果断采用旁路作业检修架空线导线的方式，敷设 195m 旁路柔性电缆，投入 4 台绝缘斗臂车、1 台旁路作业车、12 名不停电作业人员，历时 6 个小时，在用户不间断供电的情况下，完成对线路的综合性改造工作，实现了用户停电“零感知”，让老百姓的用电幸福指数大大提升。

后 记

作为国家电网有限公司配网不停电作业首席专家，我见证了这个专业的发展，而这个专业也见证了我的成长。我认为，配网不停电作业已经完成了从1到99的历程，但是从99到100则需要我们这些专业的坚守者付出更多的汗水与艰辛。随着技术装备的突飞猛进，在专业发展中我也总结了自己的想法。

由繁入简。将复杂作业简单化，不追求高难度，不唯“复杂作业化率”论能力。

能带不停。很多人认为这个词的意思是“能开展带电作业的就不停电作业”，而我个人的理解则是“能不损失负荷就不要损失负荷”。言外之意就是用什么作业方法不重要，让用户不停电才是根本。

能停不带。在保证后端负荷不损失的情况下，优先采用桥接作业法、旁路作业法隔离出停电区段，将复杂作业现场交由施工队伍停电开展。

返璞归真。以前，绝缘杆作业法一直是“原始落后”的代名词，但在作业装备、绝缘杆末端工具等先进技术装备飞速发展的今天，绝缘杆作业法已然是一种安全高效的作业方法，可以有效保证作业人员与带电体的安全距离，提升作业人员的安全系数。

集思广益。收集大家的先进技术经验，统一规范绝缘杆末端工具型号标准，转化、孵化先进技术成果，尤其是末端电动工具，使其更加标准化、智能化、轻量化、平民化。好使、好用才好推广。

作为一名配网不停电作业人，应一直坚持“不停电就是最好的服务”理念；作为一名电力人，应始终秉承“人民电业为人民”的宗旨；作为一名工匠，应自觉把思想和行动统一到党的二十大精神上来，不忘初心、牢记使命，把劳模精神、劳动精神、工匠精神一代代传递下去，点亮万家灯火，温暖千家万户。

2024 年 6 月

图书在版编目（CIP）数据

王月鹏工作法：基于绝缘平台的绝缘杆作业法 / 王月鹏著. -- 北京：中国工人出版社, 2024. 5. -- ISBN 978-7-5008-8469-9

Ⅰ. TM72

中国国家版本馆CIP数据核字第2024GK1545号

王月鹏工作法：基于绝缘平台的绝缘杆作业法

出 版 人　董　宽
责任编辑　刘广涛
责任校对　张　彦
责任印制　栾征宇
出版发行　中国工人出版社
地　　址　北京市东城区鼓楼外大街45号　邮编：100120
网　　址　http://www.wp-china.com
电　　话　（010）62005043（总编室）
　　　　　（010）62005039（印制管理中心）
　　　　　（010）62379038（职工教育编辑室）
发行热线　（010）82029051　62383056
经　　销　各地书店
印　　刷　北京市密东印刷有限公司
开　　本　787毫米×1092毫米　1/32
印　　张　3.25
字　　数　37千字
版　　次　2024年8月第1版　2024年8月第1次印刷
定　　价　28.00元

优秀技术工人百工百法丛书

第一辑　机械冶金建材卷

优秀技术工人百工百法丛书

第二辑　海员建设卷